ICONOGRAPHIE

DES

AZALÉES DE L'INDE

Gand, typographie C. Annoot-Braeckman.

ICONOGRAPHIE

DES

AZALÉES DE L'INDE

COMPRENANT

LA FIGURE ET LA DESCRIPTION DES MEILLEURES VARIÉTÉS

TANT ANCIENNES QUE NOUVELLES

PUBLIÉE PAR

AUGUSTE VAN GEERT

AVEC LA COLLABORATION

DES PRINCIPAUX HORTICULTEURS ET AMATEURS DE CE GENRE DE PLANTES

GAND

ADOLPHE HOSTE
Libraire
RUE DES CHAMPS

AUGUSTE VAN GEERT
Horticulteur
FAUBOURG D'ANVERS

IMPRIMERIE C. ANNOOT-BRAECKMAN

1882

TABLE ALPHABÉTIQUE DES PLANCHES.

INTRODUCTION.

HISTORIQUE. — Quel vaste champ s'ouvrirait devant nous, s'il pouvait nous convenir de faire une critique plus ou moins savante des travaux qui ont précédé cette simple iconographie. Rien ne resterait debout, ni le nom du genre, ni celui de l'espèce. Le titre de notre publication dit suffisamment que nos prétentions ne s'élèvent pas aussi haut. Nous aimons mieux nous entendre avec les botanistes et nous ranger à leur avis en disant que le type de notre *Azalea* est bel et bien un *Rhododendron;* nous admettons également que ce type, au lieu d'être originaire de l'Inde, provient de la Chine qui nous donna tant de richesses florales et où, d'après Don, on le nomme *Tsutsisi;* mais en même temps nous conserverons au groupe qui nous occupe les appellations générique et spécifique qu'il doit à l'illustre Linné et sous lesquelles il est connu dans le monde entier.

Nous dirons donc que l'*Azalea* [1] *indica* Linn., de la famille des Éricacées,

(1) Le nom grec ἀξαλέος signifie *aride* et indique la station ordinaire des Éricacées.

est un arbuste de serre froide pour nos latitudes. Il est à feuilles persistantes, plus ou moins molles, poilues ou soyeuses; le calice a cinq divisions foliacées très variables dans leurs dimensions; la corolle est campanulée, en entonnoir à tube court. Le nombre des étamines varie de cinq à dix.

L'introduction en Europe de la première Azalée à feuilles persistantes remonte à deux siècles; elle fut cultivée en Hollande par JÉRÔME VAN BEVERNING en 1680, et décrite la même année par BREYNIUS. Elle ne se répandit guère dans les cultures et fut bientôt perdue; vers le milieu du XVIIIme siècle, il n'en existait plus de trace; mais en 1768 elle fut retrouvée et réintroduite de Batavia par COMMERSON.

Pendant près d'un demi siècle il ne fut question de l'introduction d'aucune autre Azalée en Europe, lorsque, en 1810, ANDERSON de Chelsea reçut de Chine l'*Azalea Simsi*. Quelques années plus tard, en 1819, apparut l'*Azalea liliiflora* que l'on trouve encore dans quelques collections. Ces deux importations furent suivies d'une série d'autres venant successivement enrichir le genre. Toutefois, la plus marquante fut celle de l'*Azalea vittata* venue de Chine par FORTUNE en 1844. Ce fut là le point de départ de la faveur dont les Azalées de l'Inde furent promptement entourées et dont elles jouissent encore actuellement.

Les premières introductions donnèrent lieu à des variétés obtenues par voie de semis; ces variétés ont produit à leur tour, soit par fécondation artificielle, soit par dimorphisme accidentel, les splendides fleurs que nous voyons surgir chaque année dans le commerce et dont la source ne semble pas encore devoir si tôt tarir.

Honneur aux IVERY, KNIGHT, PERRY et ROLLISSON, en Angleterre; aux VERVAENE, VERSCHAFFELT, VAN HOUTTE et VAN GEERT, en Belgique; aux MARDNER et SCHULZ, en Allemagne; aux TRUFFAUT, MARGOTTIN et MICHEL, en France! Leurs généreux efforts en vue de perfectionner ces ravissantes fleurs ont droit à la reconnaissance de tous ceux qui s'occupent d'horticulture.

CULTURE. — L'Azalée, sans avoir, à l'état de nature, une forme parfaitement régulière, a spontanément un port buissonneux et trapu; au moyen de la culture, on forme, pour ainsi dire sans peine, ces splendides bouquets qui complètent avec tant de charme nos expositions florales. L'Azalée fleurit naturellement du commencement d'avril jusqu'à la fin de mai.

Nous dirons en peu de mots comment il convient de traiter notre plante, sauf à indiquer spécialement les soins particuliers que quelques variétés pourraient réclamer. Nous le répétons, la culture de l'Azalée est facile; sous nos latitudes, l'abri d'une serre est indispensable, depuis la mi-octobre, époque de la rentrée des Azalées, jusqu'à la mi-mai, époque de leur sortie à l'air libre. Une lumière vive et une température peu élevée leur sont très propices, ainsi qu'une aération abondante et une grande propreté. Il ne faut recourir aux fourneaux que quand il gèle à plusieurs degrés et ne pas donner une chaleur qui dépasse 4° à 5° centigrades.

La terre qui leur convient, et c'est ici peut-être le point le plus important de la culture, doit être substantielle et légère à la fois, et dans les rempotages, il faut avoir soin de ne pas trop la serrer. Lorsque la végétation se réveille, il est nécessaire de leur donner des arrosements modérés, mais fréquents ainsi que des bassinages. Il faut avoir grand soin de ne pas laisser les mottes se dessécher, elles sont difficiles à tremper à moins qu'on ne les plonge entièrement dans l'eau.

La mise en pleine terre durant l'été produit une végétation plus vigoureuse et un feuillage d'un vert plus sombre; mais pour les faire boutonner, il convient de relever les plantes dès le commencement de septembre, afin que les racines aient le temps de tapisser le pot pour le moment de la rentrée en serre.

La taille se fait aussitôt après la floraison pour les plantes adultes, et vers le milieu de février pour les jeunes. Celles-ci ont pu alors émettre de nouvelles pousses que l'on pourra pincer au moment de la mise en pleine terre; de cette manière, on obtiendra à l'automne des plantes bien garnies.

Grâce à ces soins, on peut compter sur une belle floraison dans la serre. Transportées dans les appartements, les Azalées se conservent en parfait état, même assez longtemps, si on leur donne une atmosphère pure et une vive lumière. Les Azalées peuvent donc égayer nos demeures durant bien des jours et cela sans danger pour nous, puisque leurs fleurs n'exhalent aucun parfum pernicieux.

ICONOGRAPHIE

DES

AZALÉES DE L'INDE

RECUEIL MENSUEL

Ire LIVRAISON. — 1er OCTOBRE 1881

PLANCHES CONTENUES DANS CE NUMÉRO :

1. Azalea alba speciosa plena (*Schulz*).
2. Azalea Madame Paul De Schryver (*Jos. Vervaene et Cie*).
3. Azalea Antigone (*Schulz*).

P. STROOBANT PINXIT CHROMOLITH P. STROOBANT GAND (BELGIQUE)

AZALEA ALBA SPECIOSA PLENA

AZALEA ALBA SPECIOSA PLENA (SCHULZ).

L'ancienne Azalée *A. Borsig* dont les fleurs sont si recherchées pour la confection des bouquets, a trouvé une heureuse rivale dans l'Azalea *alba speciosa plena*, variété allemande obtenue de semis par M. SCHULZ et qui est relativement peu répandue dans les collections.

Les fleurs sont grandes, bien doubles, et du blanc le plus pur.

La plante a un port superbe et une végétation trapue.

Le feuillage est vert pâle.

La variété boutonne aisément et se force sans peine aucune. La fleur se conserve très bien durant plusieurs jours, qualité fort méritante surtout pour une fleur blanche. Cette variété a tout à gagner à être mieux connue; elle deviendra certainement une excellente plante de commerce. Par le forçage, on peut obtenir des fleurs dès le mois de janvier, alors que les fleurs blanches ont une incontestable valeur.

Ce n'est pas qu'il y ait pénurie d'Azalées à fleurs blanches; il existe des variétés dans toutes les nuances du blanc, mais bien des fleurs laissent à désirer, les unes sous le rapport de la grandeur, les autres sous celui de la consistance; or, à tous ces points de vue, l'Azalée *alba speciosa plena* se rapproche le plus du type de la perfection.

V. CUVELIER.

P. STROOBANT PINXIT. CHROMOLITH. P. STROOBANT GAND (BELGIQUE)

AZALEA MADAME PAUL DE SCHRYVER

AZALEA MADAME PAUL DE SCHRYVER

(JOS. VERVAENE ET Cie).

Parmi les Azalées à coloration vive, la variété *Madame Paul De Schryver* est sans contredit une des plus brillantes. Elle a été obtenue de semis à l'Établissement Joseph Vervaene et Cie et mise au commerce par celui-ci en 1872.

Les fleurs sont grandes, bien faites, très pleines, ayant le centre parfois imbriqué comme celui d'une fleur de Camellia. Le coloris est d'un rose violacé vif des plus remarquables, qui frappe le public, même dans une nombreuse collection.

La plante a une végétation vigoureuse ; le port est ramassé et la tête se forme naturellement avec régularité, sans nécessiter la pratique du pincement ou rognage répété, ni le secours de tuteurs.

Le feuillage est vert foncé.

La variété est très florifère et se prête aisément au forçage. Nous ne craignons pas d'en recommander particulièrement la culture. Elle possède en effet toutes les qualités que l'on veut voir réunies dans ce que l'on est convenu d'appeler « plante de commerce, » et à ce titre, nous voudrions la voir plus répandue dans les grandes cultures.

Dans les collections d'amateur, elle produit beaucoup d'effet en ce que sa coloration tranche vivement sur celle des fleurs qui l'entourent.

V. CUVELIER.

P. STROOBANT PINXIT

CHROMOLITH P. STROOBANT GAND (BELGIQUE)

AZALEA ANTIGONE

AUG. VAN [illegible]

AZALEA ANTIGONE (SCHULZ).

Peu de variétés portent en elles autant de distinction, nous dirions volontiers autant de noblesse, que l'*Azalea Antigone*. Cette variété a été obtenue, de semis, dit-on, par l'horticulteur allemand M. Schulz, a qui nous sommes redevables de nombreux gains que nous ne craignons pas de ranger parmi les meilleurs. Elle n'a été mise au commerce que récemment, en 1878-1879, mais il a suffi d'entrevoir sa brillante floraison pour la faire rechercher de tous les amateurs. La fleur est grande, ronde, d'une régularité parfaite et bien double, plus double même que la planche ne la représente. Notre artiste cette fois est resté en dessous de la vérité. Le coloris est blanc d'ivoire strié, maculé et pointillé de violet, nuance peu commune dans les fleurs d'Azalées. Bien que la plante ne dégénère pas, elle donne parfois des bouquets de fleurs blanches sur lesquelles se détachent de larges bandes violettes; souvent aussi elle présente des fleurs complètement marquées de stries, de lignes et de points violets qui rappellent les plus jolis œillets flamands.

Cette variété se distingue aussi par son port trapu et on ne lui voit jamais de ces longs rameaux qui font le désespoir des amateurs, surtout pendant la jeunesse des plantes, car ces sortes de faux bourgeons déforment la plante et nuisent beaucoup à sa régularité.

La fleur a une autre qualité encore : elle peut être exposée aux rayons ardents du soleil sans perdre son coloris, sans brûler, et c'est là un sérieux avantage. En somme c'est une variété de premier ordre, qui convient parfaitement à la culture forcée et dont la place est marquée dans toutes les collections d'élite. L'expérience nous autorise à dire que chez les exemplaires de l'*Azalea Antigone* qui, dès leur première floraison, ont donné des fleurs striées, on verra cette panachure s'accentuer davantage à mesure que les plantes se développeront.

V. Cuvelier.

Pl. IV

P. DE PANNEMAEKER, PINXIT. (?) — CHROMOLITH. (?) GAND

ELISE LIEBER

A. C. VAN GEERT, PUBL.

[illegible]
[illegible] depuis [illegible]
[illegible]

AZALEA ELISE LIEBER (SCHULZ).

PLANCHE N° IV.

L'*Azalea Elise Lieber* a été obtenu de semis par M. SCHULZ, l'habile producteur allemand qui, depuis quelques années, a enrichi de variétés d'élite les collections de nos amateurs.

Cette variété se distingue par une croissance d'une régularité parfaite alliée à une grande vigueur.

Les fleurs sont simples, mais d'une ampleur remarquable. Nous avons vu des corolles qui mesuraient plus de 12 centimètres de diamètre. La fleur a une certaine tendance à la duplicature ; plusieurs étamines se transforment fréquemment en pièces pétaloïdes. Leur coloris est blanc pur avec macule verdâtre à l'onglet ; chaque pétale est marqué de nombreuses et larges stries violettes que le prolongement de la floraison n'entame guère.

Le feuillage, de couleur sombre, est fort beau.

Cette variété sera très recherchée par le commerce, car elle a le mérite de se prêter parfaitement au forçage ; son coloris délicat n'est jamais altéré par ce procédé de culture.

La variété *Elise Lieber*, comme toutes les Azalées striées, donnera naissance à des variations dont les fleurs seront bordées de blanc ; cette affirmation de notre part n'est aucunement hypothétique : nous parlons d'expérience.

V. CUVELIER.

PL. V.

STROOBANT PINXIT

CHROMOLITH P. STROOBANT GAND (BELGIQUE)

AZALEA MADAME LOUIS VAN HOUTTE

PL. V.

AZALEA MADAME LOUIS VAN HOUTTE

(L. VAN HOUTTE).

PLANCHE N° V.

La brillante Azalée *Madame Louis Van Houtte* est le produit de ce que en botanique on appelle un *lusus:* elle provient d'une branche trouvée sur l'Azalea *Monsieur Joseph Lefebvre* qui fut obtenu de semis à l'établissement VAN HOUTTE. Elle a été fixée au moyen du greffage, et mise au commerce en 1878.

Les fleurs, quelquefois semi-doubles, sont de première grandeur; la corolle est bien étalée et de forme parfaite. Le coloris est d'un beau rose incarnat, bordé de blanc pur, strié par ci par là de carmin vif; les lobes supérieurs portent une large macule de carmin foncé. La floraison dure souvent plus d'un mois sans que la coloration soit sensiblement altérée.

Le port de la plante est d'une remarquable régularité; la végétation en est vigoureuse sans qu'elle s'emporte. La variété forme des plantes bien faites; elle est très florifère même chez les jeunes sujets, parce qu'il est rare que les boutons avortent.

Le feuillage est d'un beau vert qui se conserve tel et ne se dégarnit pas beaucoup en hiver.

Cette variété convient fort bien au forçage, toutefois elle a besoin d'être placée en serre trois semaines au moins, avant d'autres variétés dont on désire obtenir les fleurs en même temps. Dans les premières semaines, la plante ne se met guère en mouvement, mais une fois que la coloration des boutons se montre, les fleurs s'épanouissent rapidement.

Il importe de ne pas confondre cette splendide variété avec une autre plus ancienne, du même nom, et qui a aujourd'hui presque entièrement disparu des cultures.

V. CUVELIER.

PL.VI.

P. STROOBANT, PINXIT (BELGIQUE) CHROMOLITH P. STROOBANT

JAMES VEITCH (Rose)

AUG. VAN GEERT, PUBL.

[illegible] ations, une variété [illegible]
[illegible] est et n'ayant rien de com[illegible]
[illegible] le plus beau [illegible]
[illegible] à Bruxelles [illegible]
[illegible] de la fondation [illegible]
[illegible] Mayence.
[illegible]

[illegible]

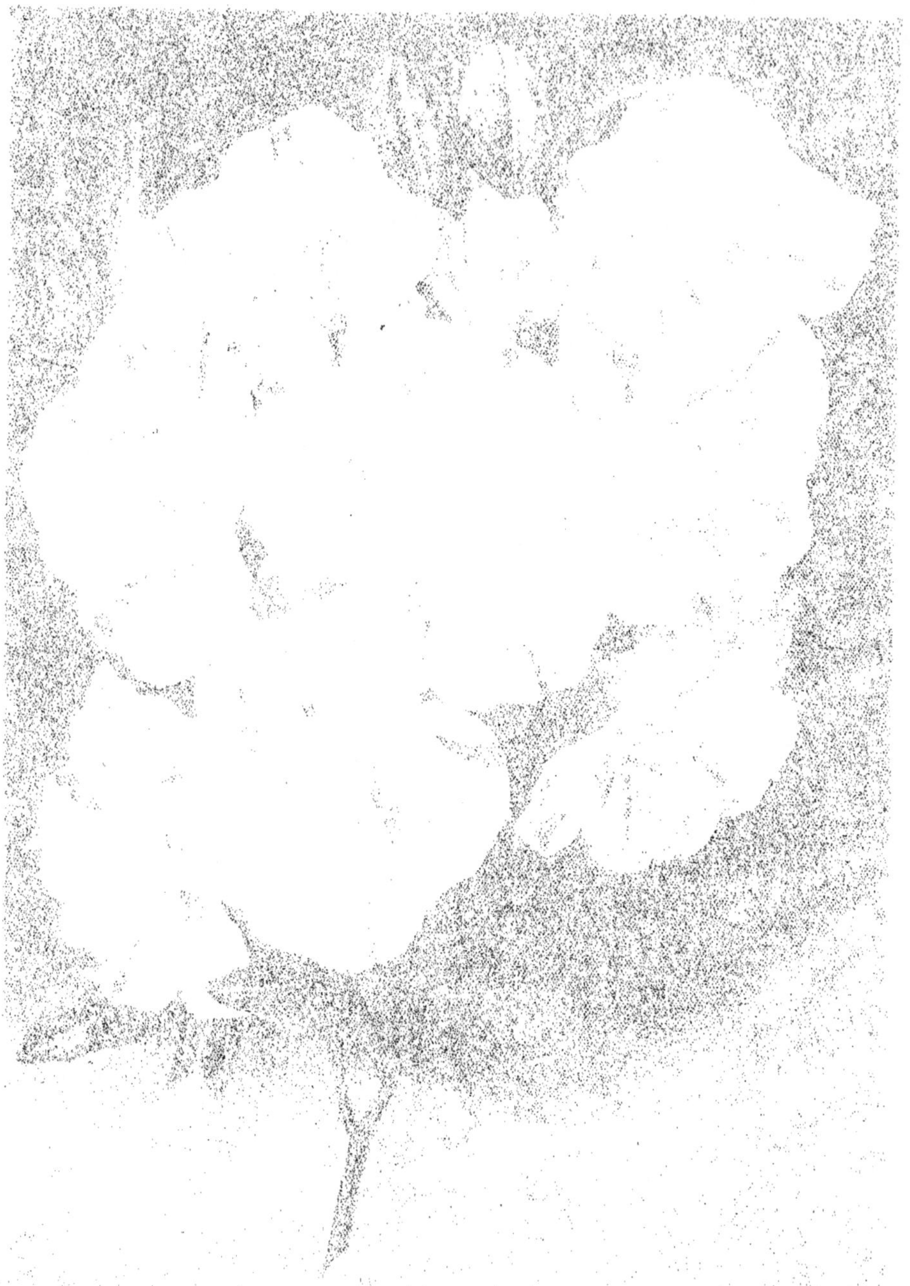

AZALEA JAMES VEITCH (ROSE).

PLANCHE N° VI.

Il existe, dans quelques collections, une variété d'Azalée de ce nom déjà ancienne, d'un coloris tout différent et n'ayant rien de commun avec celle dont l'image est reproduite sur la planche ci-contre. Cette *Azalée James Veitch* obtint le premier prix des semis à l'exposition ouverte à Bruxelles par la Société Royale de Flore, à l'occasion du centenaire de la fondation de cette Société. Elle fut obtenue de semis par M. Rose, de Mayence.

La fleur est double, bien imbriquée, plate, d'une forme parfaite; la duplicature se compose de deux corolles pour ainsi dire encastrées l'une dans l'autre. Le coloris est blanc pur marqué irrégulièrement de quelques stries roses.

La plante est très florifère et ses boutons n'avortent pas aisément; la végétation est vigoureuse et ne donne pas beaucoup de petit bois.

Le feuillage, obtus et luisant, est d'un beau vert.

La plante se force facilement; elle sera très recherchée pour la confection des bouquets quand elle sera mieux connue.

Nous recommandons d'en opérer le greffage sur des sujets un peu élevés.

V. Cuvelier.

PL.VII.

STROOBANT, PINXIT (BELGIQUE) CHROMOLITH. F. STROOBANT, GAND.

Mlle LOUISA DE KERCHOVE

A. JG. VAN GEERT, PUBL.

[illegible] dont [illegible] planche [illegible]
[illegible] de [illegible] en [illegible]
[illegible] à l'Établ[illegible] par [illegible] semis qui [illegible]
[illegible] la [illegible]
[illegible] variété [illegible]
[illegible]

AZALEA MADEMOISELLE LOUISA DE KERCHOVE

(L. VAN HOUTTE).

PLANCHE N° VII.

La variété hautement distinguée dont la planche ci-contre offre le portrait, n'a pas été obtenue de semis ; c'est tout simplement un jeu de la nature. Elle s'est produite à l'Établissement Van Houtte sur un semis qui avait été dédié à Madame la Comtesse Eugénie de Kerchove. Ce fut donc, pour ainsi dire naturellement, que la nouvelle variété trouva sa dédicace et porta le nom de Mademoiselle Louisa de Kerchove.

Les fleurs sont de couleur rose saumoné, rubanées d'orange vif, le tout encadré d'un feston blanc de neige. L'impériale marron de chaque pétale se fond dans un nuage rose carminé.

Le port de la plante est irréprochable et le coloris du feuillage d'un beau vert.

C'est une variété de premier ordre ; pour la voir fleurir dans tout son éclat, il convient de laisser la floraison se produire à son aise et sans la forcer ; car, dans la serre chaude, les tons des divers coloris sont moins brillants.

Cette variété présente souvent le curieux phénomène du dimorphisme, comme pour révéler son origine : la plante porte, en effet, des rameaux avec des fleurs semblables à celles du pied-mère, de sorte que fréquemment un seul pied possède les caractères des deux variétés. Il arrive même quelquefois qu'il se produit, en outre, des fleurs entièrement rouges.

Fr. Desbois.

P. STROOBANT, PINXIT. (BELGIQUE)

CHROMOLITH. P. STROOBANT. GAND.

CAMILLE VERVAENE

AUG: VAN GEERT, PUBL.

[illegible]

[illegible] Azalées [illegible]

[illegible] changes [illegible]

[illegible] sont bien [illegible]

[illegible]

Azalea [illegible]

[illegible]

[illegible] est facile [illegible]

[illegible] accompagne [illegible] considérées [illegible]

[illegible] variétés [illegible]

[illegible] plantes [illegible]

[illegible] pour le commerce.

PL. VIII.

CAMILLE VERVAENE

AZALEA CAMILLE VERVAENE (JOS. VERVAENE).

PLANCHE N° VIII.

Le dimorphisme a produit, parmi les Azalées, des variations si nombreuses et si étranges, on a rencontré sur un même pied des fleurs de coloris si inattendus, que l'origine d'un grand nombre de variétés sera bien souvent révoquée en doute par les amateurs, quand on voudra attribuer celle-ci à des efforts individuels.

L'*Azalea Camille Vervaene* est d'origine gantoise. C'est un des gains heureux de M. Joseph Vervaene qui l'a obtenu de semis et qui l'a mis au commerce en 1879.

Cette variété a des fleurs larges, d'un rouge brillant, nuancé de violet. Elles sont semi doubles, souvent même d'une duplicature parfaite, au point qu'elles rappellent la forme des Balsamines Camellias.

La plante est d'une végétation très régulière ; sa floraison est facile et d'une rare abondance.

Son port est trapu, bien que sa croissance soit rapide.

Il suffira de jeter un coup d'œil sur la planche qui accompagne ces lignes et de se convaincre des qualités qui viennent d'être énumérées, pour accueillir cette riante variété parmi les meilleures.

C'est une de ces plantes qui sera cultivée en grand nombre comme les Azalées *Madame Vander Cruyssen*, *Charles Enke* et d'autres, également bien appréciées pour le commerce.

V. Cuvelier.

PL. IX.

P. STROOBANT, PINXIT. (BELGIQUE) CHROMOLITH. P. STROOBANT, GAND.

ROSEO PICTA

AUG: VAN GEERT, PUBL.

AZALEA ROSEO PICTA (SCHULZ).

PLANCHE N° IX.

L'*Azalea roseo picta* est une variété allemande, obtenue par M. SCHULZ dont elle est sans contredit un des plus gracieux produits.

Les fleurs sont légèrement crispées et les pétales se recourbent en arrière. Elles sont blanches, lignées et pointillées de rose; l'impériale est jaunâtre.

Le port de la plante est irréprochable.

Le feuillage est large, vigoureux et d'un vert foncé.

Cette variété boutonne abondamment et elle est de floraison facile.

Le nom de la variété indique suffisamment la panachure de la fleur; celle-ci n'est aucunement rose, mais, comme le montre d'ailleurs la chromolithographie, le rose sert de relief à la blancheur des pétales.

On dit que cette variété a été obtenue de semis; nous ne voulons en aucune manière contester cette assertion. Toutefois, nous devons à la vérité de mentionner que la nature semble vouloir la contredire en faisant naître sur cette variété des branches donnant des fleurs roses à bords blancs, striées de rouge et marquées d'une macule pourpre carmin.

En présence de ce phénomène, il est permis de se demander si l'on se trouve devant un simple jeu ou bien devant une tendance persistante au retour vers un type primitif. Mais quel est ce type? Ne voit-on pas quelquefois sur des sujets provenus de semis, deux fleurs tout à fait différentes? Quelle est en ce cas la variété typique? Nous laissons aux botanistes le soin d'élucider cette question. Quoi qu'il en soit, l'*Azalea roseo picta* constitue une très bonne plante de commerce, à cause de sa tendance naturelle à produire des plantes bien formées.

V. CUVELIER.

PL. X.

P. STROOBANT, PINXIT. (BELGIQUE)

CHROMOLITH. P. STROOBANT. GAND.

REINE DE PORTUGAL

AUG: VAN GEERT, PUBL.

AUG. VAN GEERT, PUBL.

AZALEA REINE DE PORTUGAL (J. VERSCHAFFELT).

PLANCHE N° X.

Nous avons inauguré la galerie iconographique de nos Azalées par une belle fleur blanche, la variété *alba speciosa plena*. L'*Azalea Reine de Portugal* constitue un autre type parmi les fleurs blanches et cette variété s'est montrée digne du nom heureux que son obtenteur a eu la bonne fortune de pouvoir lui décerner. Elle fut mise au commerce en 1872 par M. JEAN VERSCHAFFELT et obtenue de semis dans son établissement.

La fleur de cette Azalée est du blanc le plus pur; elle est grande, semi-double, à bords ondulés; les onglets des pétales sont maculés d'une teinte verdâtre pâle, parfois même un peu jaunâtre; lors de l'épanouissement complet, cette teinte disparaît à son tour pour faire place au blanc le plus pur. Quelquefois des stries rose pâle sont semées comme des larmes sur le blanc des pétales dont elles rehaussent l'éclat.

Le feuillage est d'un vert clair, très brillant; la feuille est de forme allongée, mais s'élargissant vers le sommet.

Bien que la croissance de la plante ne soit pas des plus vigoureuses, néanmoins il faut recourir à des rognages répétés, si l'on veut obtenir des plantes de forme parfaite. En effet, cette Azalée est assez libre dans sa croissance, c'est à dire qu'elle émet de ci de là de longues branches irrégulières.

Une histoire d'un remarquable dimorphisme se rattache à la variété qui nous occupe. Un jour celle-ci donna un rameau sur lequel s'épanouirent successivement de grandes fleurs roses ayant chaque pétale bordé de blanc pur et strié de rose plus foncé. Cette forme devint l'*Azalea Empereur du*

Brésil. Bien des amateurs ont choyé leurs plantes de *Reine de Portugal*, dans l'espoir d'obtenir, eux aussi, l'un ou l'autre jeu de nature aussi brillant que celui qui survint jadis à l'Établissement JEAN VERSCHAFFELT. Jusqu'ici leur attente a été vaine, car notre variété est demeurée invariablement fidèle à elle-même.

L'*Azalea Reine de Portugal*, à ce que nous assure son obtenteur, est très recherché pour le commerce extérieur; on l'exporte au Brésil, au Mexique, aux États-Unis et surtout au Portugal, grâce sans doute aussi au nom qu'il porte.

La floraison de cette Azalée est naturellement tardive, cela ne l'empêche pas de pouvoir être forcée assez facilement.

AUG. VAN GEERT.

JEAN VERVAENE

AUG. VAN GEERT, PUBL.

… STROOBANT, GAND.

AZALEA JEAN VERVAENE (J. VERVAENE).

PLANCHE N° XI.

L'Azalée *Jean Vervaene* a été obtenue d'une forme de la variété *La Victoire*; elle a été fixée par voie de greffage.

La fleur est grande et belle; dans l'esthétique florale, elle peut être considérée comme un modèle de perfection.

Le coloris est remarquable par la vigueur des tons; le fond des pétales, d'un beau rose saumoné, est panaché, piqueté et strié de rouge. Le pétale supérieur est marqué d'une forte macule cramoisi foncé produisant un fort bel effet, et sur le bord de chaque limbe, s'étale un large feston du blanc le plus pur.

La floraison de cette variété est abondante et facile; la croissance est vigoureuse bien que le bois soit toujours un peu fluet.

Comme la plupart des variétés obtenues par dimorphisme ou dichroïsme, l'*Azalea Jean Vervaene* donne également des branches dont les fleurs indiquent manifestement le retour au type. On doit avoir le plus grand soin d'enlever ces branches aussitôt que l'on s'aperçoit de cette tendance, sinon, on s'expose à voir la plante entière redevenir rouge.

Il existe une sous-variété qui ne présente pas le désavantage de retourner au type originel; elle n'est pas encore répandue dans le commerce. Chez celle-ci, les stries ont disparu de la fleur, ce qui explique suffisamment sa fixité. L'expérience démontre que chez les variétés fixées par le greffage, la tendance à retourner au type est beaucoup plus manifeste si les fleurs sont bordées de blanc et présentent une plus grande quantité de stries; cette tendance est moindre chez celles dont les fleurs offrent peu ou point de stries. Les deux variétés ont été trouvées à l'Établissement Jean Vervaene : elles ont donc la même origine. D'ailleurs, un amateur d'Azalées des plus compétents nous assure que l'on trouve sur les plantes de la variété *Jean Vervaene* la fleur sans stries, par conséquent la sous-variété à laquelle il est fait allusion. Nous engageons les cultivateurs d'Azalées à examiner leurs plantes avec quelque attention à l'époque de la floraison, afin de s'assurer si elles donnent des fleurs dépourvues de stries. Les rameaux portant ces fleurs pourraient être fixés aisément au moyen du greffage.

JEAN VERVAENE.

PL. XII.

P. STROOBANT, PINXIT. (BELGIQUE) CHROMOLITH. P. STROOBANT GAND.

GENERAL POSTMEISTER STEPHAN

AUG: VAN GEERT, PUBL.

PL. XII

AZALEA GENERALPOSTMEISTER STEPHAN (SCHULZ).

PLANCHE N° XII.

Un coloris entièrement nouveau parmi les nombreuses nuances des Azalées, tel est le premier mérite de la brillante variété dédiée au Postmeister STEPHAN.

Les fleurs sont grandes et fréquemment réunies par trois ou quatre en un bouquet serré. Elles sont de l'amarante le plus vif, estompé et maculé de noir.

La plante boutonne avec la plus grande facilité; les boutons sont rougeâtres, très apparents; la croissance est vigoureuse et rapide.

Le feuillage bien plan, en lame de couteau, d'assez grande dimension, de couleur vert très foncé, à teinte bronzée, à large nervation rugueuse, est très caractéristique et par suite facile à reconnaître; c'est là une qualité très appréciée par beaucoup de cultivateurs qui ne se soucient guère d'étiqueter toutes les variétés. Les qualités réelles qui distinguent ce nouveau gain de l'heureux semeur allemand M. SCHULZ, sont donc nombreuses.

Une observation assez intéressante et que la plupart des amateurs d'Azalées auront faite sans doute, c'est que la couleur foncée, brunâtre, du feuillage est généralement un indice certain du coloris foncé des fleurs. La variété qui nous occupe en fournit une preuve remarquable.

La couleur éclatante qui caractérise cette variété, ne rencontre guère de rivale, si ce n'est peut-être dans l'*Azalea Le Flambeau*, un gain d'origine belge, dont elle est probablement issue et que nous aurons l'occasion de faire connaître ultérieurement.

Placée dans un groupe parmi d'autres Azalées, la variété *Generalpostmeister Stephan* captive les regards par son éblouissante couleur; aussi elle sera promptement répandue dans les collections et elle est de celles qui seront cultivées en quantité considérable.

Le bois de cette plante est vigoureux ; il ne donne guère de ces menues branches qui font le désespoir de l'amateur et qu'il faut constamment enlever. Grâce à une taille quelque peu sévère, opérée la première année, on obtiendra facilement des plantes parfaites.

V. Cuvelier.

P. STROOBANT, PINXIT. (BELGIQUE) CHROMOLITH. P. STROOBANT. GAND.

FÜRSTIN BARIATINSKY

AUG: VAN GEERT, PUBL.

AZALEA FÜRSTIN BARIATINSKY (SCHULZ).

PLANCHE N° XIII.

D'une rare distinction par sa fleur, l'Azalée dont l'*Iconographie* reproduit ci-contre le portrait, est également fort remarquable au point de vue de son origine. Elle a été obtenue de semis par M. C. SCHULZ qui, par ce produit, semble avoir voulu donner un démenti au principe assez généralement admis en science, que la fécondation hybride entre espèces ligneuses différentes serait sans résultat. Nous ne connaissons qu'un seul fait infirmant cette théorie et dû à feu le Docteur RODIGAS qui, ayant opéré la fécondation entre un *Rhododendron arboreum* et un *Rhododendron sinense*, obtint des produits qui vécurent une dizaine d'années. M. SCHULZ renseigne l'*Azalea Fürstin Bariatinsky* comme provenant d'une fécondation croisée, opérée sur un *Azalea indica* au moyen du *Rhododendron Edgeworthi.* En examinant la plante de près, nous avons acquis la conviction que l'assertion de l'obtenteur est véridique, car, chaque année l'écorce de l'*Azalea Fürstin Bariatinsky* se détache et tombe, fait qui arrive chez beaucoup de Rhododendrons de l'Himalaya.

Quoi qu'il en soit de cette origine, la fleur de notre Azalée est une des meilleures parmi les variétés striées. Sa forme est irréprochable et sa dimension exceptionnellement grande ; souvent elle compte six pétales.

La couleur de fond est blanc d'albâtre pur sur lequel se détachent des lignes et des ponctuations roses et rouge purpurin ; en outre, une large impériale verdâtre orne les pétales supérieurs.

La feuille est vert peu foncé, grande, de forme arrondie, très nettement nervurée.

La croissance est assez vigoureuse et régulière ; le port est excellent. Les plantes se forment pour ainsi dire d'elles-mêmes, parce qu'elles produisent peu ou point de gourmands. Elles boutonnent très bien et se forcent avec une grande facilité.

C'est une variété de premier ordre possédant un cachet particulier qui la fait ressortir immédiatement au milieu d'une collection. D'autre part, comme il arrive souvent dans les fleurs striées, nous ne serions pas surpris de la voir produire sur ses rameaux des variations nouvelles.

Nous en recommandons la culture pour une autre raison encore, c'est que ses grandes fleurs sont recherchées pour les bouquets. La floraison dure près d'un mois, sans que le coloris s'altère sensiblement ; les stries pâlissent fort peu.

AUG. VAN GEERT.

PL. XIV.

P. STROOBANT, PINXIT. (BELGIQUE)

CHROMOLITH. P. STROOBANT GAND.

FRANÇOIS DEVOS

AUG: VAN GEERT, PUBL.

AZALEA FRANÇOIS DE VOS (A. VERSCHAFFELT).

PLANCHE N° XIV.

La variété dont la planche ci-contre reproduit le portrait, a fait depuis longtemps son chemin dans le monde ; en effet, son apparition dans le commerce date de 1867. C'est une des bonnes fleurs produites par l'horticulture gantoise. L'incontestable faveur qui l'accueillit naguère, ne s'est point démentie depuis lors et l'*Azalea François De Vos*, bien qu'il ne soit pas du domaine de la grande culture, est toujours choyé par les amateurs.

C'est que sa fleur se distingue par la perfection de sa forme autant que par son coloris incarnat très vif que le plus habile pinceau aurait bien du mal à rendre avec fidélité. La fleur est grande et bien double. La floraison est naturellement abondante et assez facile.

La végétation de cette variété est vigoureuse; elle produit un bois court, forme une belle couronne, a un beau feuillage et un port distingué.

Elle a été obtenue de semis à l'établissement de M. Ambr. Verschaffelt qui la dédia à son chef de culture, M. François De Vos, en reconnaissance de ses capacités et de ses bons et loyaux services.

V. Cuvelier.

PL. XV.

P. STROOBANT, PINXIT. (BELGIQUE)

CHROMOLITH. P. STROOBANT. GAND.

EMPEREUR DU BRÉSIL

AUG. VAN GEERT, PUBL.

EMPEREUR DU BRÉSIL

AZALEA EMPEREUR DU BRÉSIL

(J. NUYTENS-VERSCHAFFELT).

PLANCHE N° XV.

L'*Iconographie* a reproduit déjà(1) l'image de la belle Azalée à fleurs blanches et doubles, *Reine de Portugal.* La variété *Empereur du Brésil,* comme nous l'avons dit à cette occasion, est issue de cette souche sur laquelle elle s'est rencontrée un jour par hasard et dont on a eu soin de la détacher pour la fixer par le greffage.

Son obtenteur, feu notre ami JEAN NUYTENS-VERSCHAFFELT, qui dédia cette variété à S. M. DON PEDRO II, un des promoteurs les plus éclairés de l'horticulture, en donna la description suivante.

« Fleur admirable, bien double, de première grandeur, forme des plus parfaites ; les pétales larges, très arrondis, suffiraient seuls à en faire une perfection de forme.

« Couleur du plus beau rose pur lors de l'épanouissement, passant au rose tendre à mesure que la floraison avance, et rehaussé par une large bande blanc pur autour de chacun des pétales, tandis que ces mêmes pétales sont richement lavés et striés de rose plus foncé et de blanc. Le lobe supérieur est orné d'une forte macule rouge brunâtre qui fait ressortir d'autant mieux la pureté et la vivacité des autres couleurs. »

Nous ajouterons que l'*Azalea Empereur du Brésil* se distingue, en outre, par l'excellence de son port et la vigueur de sa croissance. Peu florifère tant que les sujets sont jeunes, la plante fleurit bien dès qu'elle atteint quatre ans. Elle se force sans peine.

AUG. VAN GEERT.

(1) Vide supra, page 29, pl. 10.

FRANKLIN

AUG. VAN GEERT, PUBL.

PL. XVI.

AZALEA FRANKLIN (SCHULZ).

PLANCHE N° XVI.

La planche qui reproduit le portrait de l'*Azalea Franklin* nous dispenserait presque d'en faire une description détaillée. Bien que la fleur soit entièrement simple, dans toute l'acception du mot, sa forme parfaite et sa couleur pure d'un blanc mat, aux rares stries violettes, en font une variété qui n'est pas sans avoir un certain cachet de distinction.

La végétation est normale ; quelquefois les ramifications sont un peu longues.

Cette variété, obtenue de semis par M. Schulz, a été accueillie avec une faveur méritée lors de son apparition ; cependant elle semble avoir perdu quelque peu, depuis que les semeurs ont produit d'autres variétés blanches à stries violettes qui se distinguent de l'*Azalea Franklin* par une coloration plus vive et des corolles plus grandes.

Le fait de dichroïsme que nous avons déjà signalé bien des fois pour les variétés à fleurs panachées, se présente encore pour celle-ci : elle donne quelquefois des rameaux à fleurs unicolores d'un violet pâle, assez insignifiantes.

Fr. Desbois.

PL. XVII.

P. STROOBANT, PINXIT. (BELGIQUE) CHROMOLITH. P. STROOBANT, GAND.

ARGUS

AUG: VAN GEERT, PUBL.

AUG: VAN GEERT, PUBL.

AZALEA ARGUS (L. VAN HOUTTE).

PLANCHE N° XVII.

« Le voilà donc enfin, *Argus*, ce favori des amateurs, qui a partagé les triomphes que nos semis ont remportés partout ! » C'est en ces termes que Louis Van Houtte annonça naguère la mise en vente de cette remarquable variété.

Les fleurs n'offrent pas dans leur texture une régularité constante ; en effet, elles présentent tantôt une seule rangée de pétales et tantôt elles en ont deux ; mais qu'elles soient simples ou semi-doubles, elles sont toujours parfaitement arrondies et leur forme est irréprochable.

Le coloris saumon clair du fond se couvre d'une large impériale, noir cramoisi, à reflet lie de vin s'étendant sur toutes les papilles dans les fleurs semi-doubles. Ce coloris est assez peu répandu parmi les Azalées.

Cette variété est d'une croissance vigoureuse, mais elle ne supporte guère la taille d'été ou pincement auquel la longueur des rameaux oblige parfois à recourir. Il vaut donc mieux tailler aussitôt que la floraison est passée. Il arrive également que l'œil supérieur reperce sur certains rameaux, tandis que sur d'autres il ne repousse pas. Il en résulte qu'il est assez difficile de former de beaux spécimens. Cependant pour corriger sa nature capricieuse, nous conseillons de greffer cette variété sur des tiges un peu élevées : ce procédé a pour effet d'empêcher la plante d'émettre des pousses trop longues.

V. Cuvelier.

PL. XVIII.

P. STROOBANT, PINXIT. (BELGIQUE.)

CHROMOLITH. P. STROOBANT GAND.

AMOENA *Var* CALDWELLI

AUG. VAN GEERT. PUBL.

AUG : VAN GEERT, PUBL.

AZALEA AMOENA CALDWELLI (CALDWELL).

PLANCHE N° XVIII.

Les amateurs d'Azalées savent que l'*Azalea amoena* est à demi rustique sous notre climat. La variété *Caldwelli* qui, dit-on, en est issue et qui parut dans le commerce en 1876, partagera-t-elle avec son ascendant ce degré de rusticité ? C'est ce que l'expérience doit encore démontrer.

Cette variété a été obtenue à l'Établissement CALDWELL, de Knutsford. D'après l'obtenteur, elle provient d'un croisement entre l'*Azalea amoena* et l'*Azalea magnifica*. Ce dernier nous est inconnu. Sans vouloir révoquer en doute cette origine, nous devons dire que si la variété de CALDWELL est un semis de l'*Azalea amoena*, dont elle constitue un perfectionnement notable, la végétation en diffère d'une manière assez sensible.

Les fleurs rappellent le coloris carmin rosé du type, mais la dimension en est double; en outre, elles offrent un bel exemple de duplicature formée de deux corolles enchâssées l'une dans l'autre.

Tandis que la plupart des Azalées se développent avec énergie dès la première année du greffage, l'*Azalea Caldwelli* ne commence à prendre son essor qu'à la deuxième année de culture; la plante émet alors des rameaux vigoureux, et il est indispensable de recourir durant l'été à un pincement sévère afin de la maintenir en forme.

Le feuillage est vert foncé; la feuille rappelle la forme de celle du Buis et est plus grande que celle du type.

L'*Azalea amoena Caldwelli*, nous avons lieu de le croire, est très florifère et surtout très hâtif. L'obtenteur assure même qu'il fleurit, chez lui, dès le mois de novembre.

Couverte de ses charmantes fleurs disposées en bouquets, la plante est remarquablement jolie. Si elle est en réalité aussi précoce qu'on le dit, ce sera sans conteste une plante de valeur et digne d'être admise dans les collections. Nous recommandons aux amateurs d'en expérimenter la culture.

AUG. VAN GEERT.

BERNHARD ANDREAS ALBA

AUG. VAN GEERT PUB.

[illegible]

[illegible] [illegible] [illegible] même [illegible]

[illegible] de [illegible]

[illegible]

[illegible]

Pl. XIV

AZALEA BERNARD ANDREA ALBA

(HORT. GANDAV.).

PLANCHE N° XIX.

Ceux qui s'occupent pratiquement d'horticulture sont parfois à même de constater des phénomènes étranges ou qui semblent tels. L'obtention de variétés ou de formes identiques presque au même moment, dans des lieux de production parfois éloignés, est un de ces faits d'observation assez fréquents. C'est à dessein que nous faisons suivre le nom de la variété *Bernard Andrea alba* de la marque HORT. GANDAV., parce qu'elle a été revendiquée, presque au même moment, par les établissements gantois LINDEN et DALLIÈRE, tandis qu'un autre cultivateur d'Azalées, du nom de FRANÇOIS, dont les modestes cultures étaient situées naguère à la Pêcherie, obtenait à la même époque une variété de tous points semblable. Cependant, ce dernier produit semble avoir disparu des collections et les deux autres obtentions seules, toutes deux fort recherchées pour les bouquets, trônent encore dans les cultures.

L'*Azalea Bernard Andrea alba* est une charmante variété qui, par la forme de ses fleurs, rappelle le *Bernard Andrea*.

Pour le forçage, on donne la préférence à la variété obtenue par M. DALLIÈRE ; celle-ci est plus précoce et d'un blanc plus éclatant, mais moins grande que la variété obtenue par M. LINDEN. Le feuillage de cette dernière variété est plus grand que celui de l'autre. A part ces légères distinctions, toutes deux sont excellentes et elles méritent d'être recommandées sous tous les rapports.

Notre planche reproduit le type obtenu par M. Dallière.

L'*Azalea Bernard Andrea alba* est une de ces variétés d'élite qui se cultivent à Gand par milliers. On la reconnaît aisément à son feuillage. Celui-ci est un peu jaunâtre au commencement de la végétation ; mais il reverdit dans la suite. La plante ne demande qu'une taille modérée.

V. Cuvelier.

XX.

P. STROOBANT, PINXIT. (BELGIQUE)

CHROMOLITH. P. STROOBANT. GAND.

APOLLO (Schulz)

AUG: VAN GEERT, PUBL.

[illegible]

[illegible]

XX

AUG. VAN GEERT, PUBL.

AZALEA APOLLO (SCHULZ).

PLANCHE N° XX.

Parmi les nouveautés mises au commerce depuis trois ans, l'*Azalea Apollo* est une des variétés qui seront le plus vivement recherchées par les amateurs, et aussitôt qu'elle sera bien connue, les horticulteurs lui feront sans contredit un excellent accueil. C'est un des bons gains de M. C. Schulz.

Le coloris très brillant est de ceux qui attirent immédiatement l'attention au milieu des groupes mêmes les plus riches : ce coloris est rouge sang vif, à reflet métallique. La corolle florale est bien ronde, quelque peu frisée sur les bords ; la fleur est grande et bien double.

Le feuillage, de forme un peu allongée, est d'un vert peu foncé ; les bords de la feuille sont garnis de villosités très apparentes.

La plante est d'une végétation vigoureuse et, malgré cette vigueur, elle est d'une grande régularité ; il en résulte qu'elle n'a pas besoin d'être beaucoup tourmentée par la taille, attendu qu'elle se forme presque d'elle-même. Rarement elle offre de ces pousses démesurées que nous appelons branches gourmandes et qui font souvent le désespoir de l'amateur.

La floraison de cette variété est facile et abondante ; les boutons apparaissent de bonne heure et sont déjà assez saillants dès l'automne ; en outre, la plante n'est pas prompte à se dégarnir.

Toutes ces qualités rangent l'*Azalea Apollo* parmi les variétés les plus méritantes.

V. Cuvelier.

P. STROOBANT, PINXIT. (BELGIQUE)

CHROMOLITH. P. STROOBANT. GAND.

IMPÉRATRICE DES INDES (A. Van Geert)

AUG. VAN GEERT, PUBL.

XXI.

AUG. VAN GEERT, PUBL.

AZALEA IMPÉRATRICE DES INDES

(A. VAN GEERT).

PLANCHE N° XXI.

Pas n'est besoin d'une longue description pour faire ressortir l'incomparable beauté de l'Azalée méritante dont l'*Iconographie* donne ci-contre le portrait. C'est sans conteste une des variétés les plus remarquables qui aient été mises au commerce dans ces derniers temps.

Ce n'est pas un semis, c'est encore un de ces produits de dichroïsme que l'on ne peut attribuer qu'à un hasard heureux. Cet *Azalea* vit le jour chez M. Éd. Vander Cruyssen qui l'exposa au mois d'avril 1878, aux floralies quinquennales de Gand, sous le nom provisoire de *Héros de Flandre*. C'est sous ce nom qu'il obtint sa première palme. En 1879 il remporta, au floral meeting de la Société royale d'Horticulture de Londres, un certificat de première classe. Sa forme, sa duplicature, ses dimensions, son coloris, justifient amplement ces hautes distinctions.

La *Revue de l'Horticulture belge*, année 1880, en a publié un beau portrait.

La plante a un port régulier et compact; son feuillage, de moyenne grandeur, est d'un beau vert foncé; ses fleurs, de forme parfaite, atteignent $0^{m}10$ de diamètre et, malgré leur puissante duplicature, elles se tiennent parfaitement érigées au-dessus du feuillage. Les pétales extérieurs, gracieusement ondulés, sont légèrement réfléchis de manière à faire mieux ressortir l'épais bouquet de papilles qui semble jaillir de leur centre. Le carmin, le blanc et le rose saumoné, les trois couleurs qui distinguent les fleurs, tranchent vivement l'une sur l'autre et constituent un ensemble des plus harmonieux.

Les boutons sont nombreux et très apparents, même sur de jeunes sujets; toutefois, il convient de placer les plantes à un endroit bien exposé au soleil, afin d'assurer le développement parfait des boutons, sinon la floraison serait tout à fait manquée. En effet, à l'ombre, les fleurs avortent en partie et se déforment complétement. Cette variété peut être forcée sans difficulté. Nous ne saurions trop en recommander la culture.

AUG. VAN GEERT.

PL.XXII.

P. STROOBANT, PINXIT. (BELGIQUE)

CHROMOLITH. P. STROOBANT, GAND.

DAME MATHILDE

AUG: VAN GEERT, PUBL.

AZALEA DAME MATHILDE (JOS. VERVAENE).

PLANCHE N° XXII.

Lorsque, dans la livraison de février de l'*Iconographie*, M. AUG. VAN GEERT disait que sans doute l'*Azalea Fürstin Bariatinsky* ne serait pas sans produire des variations, nous connaissions déjà une variété qui en était issue. M. JOS. VERVAENE avait eu l'heureuse chance de la trouver sur un des exemplaires de la variété précitée et il s'était empressé de la fixer par le greffage. Cette variété nouvelle est celle qui fait l'objet de la notice qui nous occupe.

Depuis deux ans, nous avons été en mesure de suivre les évolutions de cette nouveauté et, à chaque floraison, nous l'avons trouvée identique à elle-même et confirmant les espérances auxquelles elle a donné lieu.

La fleur est très grande et les bords des pétales sont légèrement ondulés. Le fond du coloris est rose saumoné avec une large macule pourpre carminé foncé, marqué de points affectant la forme d'accents circonflexes. Cette macule s'étend sur les trois pétales supérieurs. Çà et là apparaissent de larges stries rouge vif et ce qui achève la beauté de la fleur, c'est que toute la corolle est entourée d'un large feston blanc de neige. Quelquefois les stries sont remplacées par des points rouge éclatant; on rencontre aussi des fleurs entièrement dépourvues de stries et de points.

Les feuilles sont grandes, arrondies, mucronées, bien nervurées, de couleur vert foncé.

La végétation est vigoureuse et compacte; la floraison est abondante; cette variété se prête très bien au forçage.

A l'exposition ouverte en 1880 par la Société royale d'Agriculture et de Botanique au Casino de Gand, ce gain a été couronné comme branche fixée.

L'*Azalea Dame Mathilde* sera mis au commerce en septembre prochain. Nous osons lui prédire un avenir assuré et nous engageons les amateurs à faire inscrire leurs demandes dès maintenant chez notre éditeur.

V. Cuvelier.

P. STROOBANT. PINXIT. (BELGIQUE)

CHROMOLITH. P. STROOBANT. GAND.

FRAU JOHANNA ANDREA WINKLER (Schulz)

AUG: VAN GEERT. PUBL.

FRAU JOHANNA ANDREA WINKLER (Schmitz)

AUG. VAN GEERT, PUBL.

AZALEA
FRAU JOHANNA ANDREA WINCKLER
(SCHULZ).

PLANCHE N° XXIII.

Cette variété est une des plus belles parmi celles dont le semeur allemand M. Schulz a enrichi le domaine de l'horticulture. Elle a été obtenue par voie de semis.

La plante est d'une croissance vigoureuse, sans que cependant la végétation s'emporte. Le feuillage est d'un beau vert et assez grand, mais ne présente pas de caractère particulier.

La fleur se distingue par sa forme, ses dimensions et son coloris. Elle est bien ronde, d'une régularité parfaite, ayant les pétales uniformément disposés. On peut dire de la fleur qu'elle acquiert un développement énorme, puisque son diamètre atteint dix et même douze centimètres.

Cette grande corolle est d'un blanc nacré, pointillé et strié de rouge vif et de rose pâle, rehaussé par une belle macule jaune.

Pour obtenir cette variété dans sa perfection, il convient d'enlever sévèrement le menu bois qui pousse à l'intérieur de la plante ; en procédant de la sorte, on provoque la formation de rameaux vigoureux et bien constitués sur lesquels s'épanouiront ces majestueuses fleurs. Il suffira de conserver dix à quinze branches sur un pied de 0^m30 à 0^m40 de diamètre pour produire une magnifique floraison. Cette observation s'applique d'ailleurs à la généralité des Azalées. Plus une plante est surchargée de branches faibles et plus la chance d'obtenir une bonne floraison diminue ; et cela s'explique : non seulement ces brindilles n'ont pas la vigueur pour boutonner elles-mêmes, mais elles enlèvent une part considérable de sève et de force aux branches bien constituées et compromettent ainsi, en certains cas, la formation des boutons de celles-ci. On le voit, le même axiome revient toujours : pour bien cultiver, il faut raisonner, peu importe le genre de culture.

Selon toutes les apparences, cette variété donnera lieu à des variations de dichroïsme que l'on pourra fixer par le greffage. Nous avons suivi cette année la floraison de plusieurs exemplaires de cette Azalée et cet examen nous permet de croire que notre prévision sera confirmée.

JOS. VERVAENE.

P. STROOBANT, PINXIT. (BELGIQUE) CHROMOLITH. P. STROOBANT. GAND.

SOUVENIR DU PRINCE ALBERT (J. Verschaffelt)

AUG: VAN GEERT, PUBL.

AUG: VAN GEERT, PUBL.

AZALEA SOUVENIR DU PRINCE ALBERT

(G. VANDER MEULEN).

PLANCHE N° XXIV.

Bien qu'elle n'ait pas le mérite de la nouveauté, cette variété demeurera toujours une des plus recherchées et il sera bien difficile de jamais la détrôner. Elle est un produit du hasard; en voici l'histoire :

Parmi les nombreux semis de M. GUSTAVE VANDER MEULEN, un pied donna un jour une fleur rose vif, assez remarquable pour qu'on jugeât convenable d'en attendre une deuxième floraison. Or, sur ce même pied s'épanouit, l'année suivante, la variation dont nous nous occupons; cette variation se répéta pour toutes les fleurs de la même branche. M. VANDER MEULEN s'empressa de greffer celle-ci et il eut la bonne fortune de voir les jeunes plantes reproduire la même floraison. La variation était donc fixée; elle fut multipliée et l'édition entière en fut cédée à M. JEAN VERSCHAFFELT qui la mit dans le commerce.

La fleur, d'un coloris rose vif, a tous ses pétales bordés d'une large bande de blanc pur.

Le feuillage est d'un vert très foncé avec un reflet couleur fauve, produit par la nuance des petits poils qui couvrent et bordent le limbe; on le reconnaît à première vue. La nervation des feuilles est, en outre, assez accentuée.

La plante a un beau port; elle est lente à se développer dans les premières années, mais, une fois formée, sa végétation est vigoureuse.

Sa culture ne semble pas être également bien comprise partout, car dans ces derniers temps, quelques horticulteurs se sont plaints d'insuccès. Est-ce maladie ? est-ce dégénérescence ? On recommande un choix judicieux des greffons pour obvier à cet inconvénient.

La plante boutonne abondamment, mais il lui faut pour s'épanouir un temps plus long qu'aux autres variétés, d'où il suit qu'elle offre plus de difficulté pour le forçage. Par contre, la floraison peut en être retardée jusqu'au mois de juillet. C'est une variété de premier ordre.

Fr. Desbois.

P. STROOBANT, PINXIT (BELGIQUE)

CHROMOLITH. P. STROOBANT GAND.

DEUTSCHE PERLE.

AUG: VAN GEERT, PUBL.

AUG. VAN GEERT, PUBL.

AZALEA DEUTSCHE PERLE (ROSE).

PLANCHE N° XXV.

La variété *Deutsche Perle* se distingue par des qualités sérieuses qui en recommandent d'une façon spéciale la culture en grand pour le commerce.

La fleur est du blanc le plus pur; elle est de forme bien ronde et c'est une des meilleures parmi les fleurs doubles. La duplicature consiste en deux corolles juxtaposées avec une petite papille au centre. Les pétales sont bien étoffés; le limbe est régulier, fort peu plissé et des plus solides. L'onglet est à reflet verdâtre, ce qui fait qu'elle se distingue de loin de l'*Azalea alba speciosa plena*, dont les lecteurs de l'*Iconographie* auront gardé le souvenir (1).

La plante a un port excellent et un beau feuillage assez large et d'un vert foncé. Elle se développe sans aucune difficulté et nous ne connaissons guère de variété qui fleurisse plus aisément. Nous avons vu l'an dernier des greffes insérées au commencement de septembre épanouir leurs corolles avant que les jeunes pieds ne fussent sortis de la bâche à multiplication.

L'*Azalea Deutsche Perle* fleurit naturellement en serre froide dès le mois de mars et si l'on ne connaissait la facilité de sa floraison, on serait tout étonné de le trouver aussi avancé.

Parfois, tant que la plante est jeune, les rameaux s'allongent un peu trop; nous conseillons afin d'éviter cet emportement de la végétation, de

(1) Voir livr. n° 1, pl. I.

greffer sur des tiges un peu plus hautes et de relever la plante de pleine terre vers le milieu du mois d'août afin d'assurer la formation des boutons.

M. W. J. RAWLINGS, amateur anglais enthousiaste, nous communique à ce sujet que dans une collection de cent cinquante variétés cultivées de la manière habituelle et rentrées en serre au mois d'octobre, l'*Azalea Deutsche Perle* s'est épanoui le 8 décembre, sans être soumis au forçage, juste quinze jours plus tard que la variété *Président Victor Vanden Hecke*, qui est la plus hâtive de sa collection. Notre planche a été composée avec des fleurs reçues de M. RAWLINGS, le 24 janvier dernier, et avec d'autres envoyées plus tard par M. ROSE.

Les greffes faites sur des sujets de 30 à 40 centimètres de hauteur donnent lieu à des plantes qui se forment beaucoup mieux et qui n'ont pas autant de propension à s'emporter. Durant les premières années, il est facile d'ailleurs de corriger cette tendance en rognant les jeunes pieds deux ou trois fois avant le milieu du mois de juillet; l'opération du pincement pratiquée après cette époque aurait pour effet d'enlever les boutons.

Cette variété de premier ordre, obtenue de semis par M. ROSE, de Mayence, sera recherchée pour la composition des bouquets durant l'hiver; on sait que les fleurs blanches d'Azalées y jouent déjà un grand rôle.

AUG. VAN GEERT.

P. STROOBANT, PINXIT. (BELGIQUE) CHROMOLITH. P. STROOBANT. GAND.

VICOMTE de FORCEVILLE.

AUG: VAN GEERT, PUBL.

AZALEA VICOMTE DE FORCEVILLE

(D. VERVAENE).

PLANCHE N° XXVI.

La forme de la corolle dans les Azalées est demeurée constante et jusqu'à ce jour on n'a constaté, que nous sachions, aucune déviation autre que celle de la fleur dont nous nous occupons. Pour les puristes, ceux qui s'imaginent que l'esthétique florale doive nécessairement s'attacher dans chaque espèce à un type unique, cette déviation sera sans doute un défaut; pour nous, elle est au contraire une circonstance heureuse et nous pensons que cette variété mérite d'être signalée précisément parce qu'elle s'écarte du type unique connu et que d'ailleurs l'aspect nouveau de la corolle est agréable. A première vue, cette corolle rappelle une fleur d'*Abutilon*, tant les pétales sont érigés et les fleurs droites. Lorsque ces pétales se recourbent parfois en dehors, il suffit de passer la fleur dans la main pour lui rendre la forme primitive.

Cette Azalée se montra pour la première fois à l'Exposition internationale d'Anvers, en 1875; elle y attira vivement l'attention des connaisseurs par la forme insolite de sa fleur.

Elle a été obtenue de semis, il y a plusieurs années, par M. Dominique Vervaene, qui fut un des grands promoteurs de la culture des Azalées et des Camellias. Si cette variété n'est pas encore répandue dans le commerce, comme elle le mérite, c'est sans doute parce qu'elle n'a pas été suffisamment signalée à l'attention des amateurs. Dès qu'elle aura été vue sur des exemplaires bien formés et de grande dimension, chacun sera désireux, nous en sommes convaincu, de la posséder dans sa collection.

La fleur est simple, de grandeur moyenne, d'un beau rose lilacé vif. Le feuillage est petit.

La plante pousse avec vigueur et forme sans peine des exemplaires réguliers; elle n'a pas de tendance à s'emporter; elle est, en outre, très florifère et se force avec la plus grande facilité. La floraison est de très longue durée : nous avons vu des exemplaires fleuris durant deux mois.

V. Cuvelier.

P. STROOBANT, PINXIT. (BELGIQUE)

CHROMOLITH. P. STROOBANT GAND

COMTE de CHAMBORD

AUG. VAN GEERT, PUBL.

AZALEA COMTE DE CHAMBORD

(VANDER CRUYSSEN).

PLANCHE N° XXVII.

La variété dont nous reproduisons le portrait ci-contre n'est pas un semis, mais bien le résultat d'un dimorphisme trouvé sur l'*Azalea Apollon*, variété obtenue de semis par M. VANDER CRUYSSEN, et que nous prions le lecteur de ne pas confondre avec la variété *Apollo* de M. SCHULZ [1]. Cette variation a été fixée par voie de greffage. Il paraît que cette variété a été obtenue de la même manière dans plusieurs établissements à la fois; c'est ainsi qu'elle a été trouvée chez MM. DESBOIS et Cie, VANDER CRUYSSEN, APERS, etc. La fleur est d'une grandeur remarquable; nous avons vu des corolles dépassant 10 centimètres de diamètre. Malgré ces dimensions, la fleur est très bien faite et des plus régulières. Elle est d'un coloris rose saumoné, strié et bordé d'un large feston du blanc le plus pur. La macule d'un beau pourpre foncé se détache très nettement sur le fond rose de la fleur qui le plus souvent est simple; toutefois il arrive que l'on rencontre des fleurs chez lesquelles la duplicature est très accentuée.

La feuille est grande, de forme un peu ellipsoïde et s'élargissant vers le sommet; la couleur est vert peu foncé. Le bout en est rougeâtre, aussi chaque fois que cette particularité du feuillage se produit dans la variété *Apollon*, on peut être assuré d'avance de retrouver l'exemple du

---

(1) Voir livr. n° 7, pl XX.

dichroïsme prérappelé. Le bois a également une teinte rougeâtre, tandis que dans le type il est vert.

Cette variété a une croissance régulière et vigoureuse. On en forme facilement de beaux exemplaires; toutefois les grandes plantes en sont encore peu communes.

L'*Azalea Comte de Chambord* fleurit abondamment et se force sans difficulté.

Fr. Desbois.

XXVIII.

P. STROOBANT, PINXIT. (BELGIQUE) CHROMOLITH. P. STROOBANT GAND

REGIERUNGSRATH von ESCHWEGE (Schulz.)

AUG. VAN GEERT, PUBL.

[illegible] SCHWEGE

[illegible]

Les [illegible] importance [illegible] la fleur [illegible] est une de [illegible] des plus [illegible] dans le [illegible] coumadin [illegible] bien même.

Azalée [illegible] allemande [illegible]

[illegible] est [illegible]

[illegible] cette [illegible] blanches. [illegible]

[illegible] de fond.

[illegible] feuilles [illegible] hiver [illegible]

AZALEA
REGIERUNGSRATH VON ESCHWEGE

(SCHULZ).

PLANCHE N° XXVIII.

Les cultivateurs d'Azalées attachent souvent une grande importance à la valeur que peut offrir une variété quant à l'admission de la fleur dans les bouquets. La variété dont nous reproduisons le portrait ci-contre est une des plus méritantes sous ce rapport, son coloris étant des plus distingués. Jusqu'à présent elle est peu répandue dans les cultures, mais nous sommes convaincus qu'il suffira de la faire connaître pour la voir promptement accueillie partout avec une faveur bien méritée.

L'Azalea *Regierungsrath von Eschwege* est d'origine allemande: il a été obtenu de semis par M. Schulz.

La fleur est grande et bien double. Cette qualité est fort appréciée pour la confection des bouquets; on sait que généralement les fleurs doubles se conservent plus longtemps que les fleurs simples et, comme preuve, nous pouvons affirmer avoir vu des fleurs de cette variété encore fraîches, alors qu'elles étaient coupées depuis huit jours. Le coloris est d'un beau rose vif, très franc, marqué d'une forte macule noirâtre qui se détache admirablement sur la couleur rose du fond.

La feuille est d'un beau vert très foncé, de forme arrondie et assez grande. Le feuillage est persistant; peu de feuilles tombent en hiver.

Cette variété se distingue par la vigueur de sa croissance ; les branches qu'elle émet sont bien fortes et l'on n'y voit pas ces quantités de petites pousses qui non seulement ne donnent pas de fleurs, mais encore empêchent la floraison d'être aussi luxuriante qu'on la désire. La plante croît régulièrement et se développe assez vite en beaux exemplaires, ce qui est encore une sérieuse qualité pour le commerce.

Cette Azalée est très florifère ; elle convient parfaitement à la culture forcée : il n'est pas difficile de la posséder parfaitement fleurie dès le mois de février.

PAUL DE SCHRYVER.

XXVIX.

P. STROOBANT, PINXIT. (BELGIQUE)

CHROMOLITH. P. STROOBANT. GAND.

NOBLE BELGIQUE.

AUG. VAN GEERT, PUBL.

XXVIX

P. STROOBANT, PINXIT [illegible]

CHROMOLITH. P. STROOBANT GAND.

NOBLE BELGIQUE.

AUG. VAN GEERT, PUBL.

AZALEA NOBLE BELGIQUE (JEAN VERVAENE).

PLANCHE N° XXIX.

Bien avant l'apparition de cette variété sous la dénomination de *Noble Belgique*, nous en connaissions l'existence chez plus d'un amateur et horticulteur. Il serait donc difficile d'en désigner avec certitude l'origine, attendu qu'elle a été rencontrée fréquemment comme un produit de dimorphisme sur l'*Azalea Bijou de Paris*. M. JEAN VERVAENE a eu la bonne fortune de la découvrir à son tour et de la mettre au commerce sous le nom qu'elle porte actuellement; c'est pour ce motif que nous avons joint son nom à celui de la variété.

Cette Azalée est d'une valeur incontestable. La fleur est ronde, d'un coloris rose ponctué de rouge, les pétales étant marqués çà et là de stries et de lignes rouges; les bords sont blancs.

La plante, quand elle est bien venue, produit un effet charmant. Mais elle trahit souvent son origine : comme la variété dont elle est issue, elle est sujette à donner des fleurs mal faites, ce que nous appelons des fleurs en tête de pipe. Il n'est pas difficile toutefois de remédier à ce défaut. Ces mauvaises fleurs naissent toujours de gros rameaux dont toutes les feuilles se disposent en une rosette, du centre de laquelle sort un gros bouton aplati. Aussitôt que l'on voit de tels rameaux se produire, il convient de les couper net à leur base : la floraison sera alors irréprochable.

AUG. VAN GEERT.

P. STROOBANT, PINXIT. (BELGIQUE.)

CHROMOLITH. P. STROOBANT GAND

Docteur de MIL.

AUG. VAN GEERT, PUBL.

[illegible] derniers [illegible]
[illegible] ouvrons [illegible]
[illegible] commerce [illegible]
[illegible] de toutes les
[illegible]
[illegible]
[illegible]
[illegible] d'étoile.
[illegible] pétales [illegible]. Il arrive
[illegible] sont peu nombreuses.
[illegible] l'extrémité : la nervation

[illegible] la plante se forme
[illegible] sans qu'on ait besoin

[illegible] floraison [illegible]
[illegible] recommandons cette variété
[illegible] fleurir plusieurs fois.
[illegible] les jeunes plantes.
[illegible] premier prix à l'Exposition de
[illegible] avec succès aux floralies de
[illegible] le Br[illegible]

[illegible]

AZALEA DOCTEUR DE MIL (JOSEPH VERVAENE).

PLANCHE N° XXX.

Parmi les variétés obtenues dans ces derniers temps, l'Azalea *Docteur De Mil* est une des meilleures, c'est pourquoi nous lui ouvrons volontiers une place dans notre *Iconographie*. Elle a été mise au commerce en 1879 par M. Joseph Vervaene qui l'a obtenue de semis. Elle possède toutes les qualités que l'on peut désirer chez une variété commerciale et elle sera recherchée, nous n'en doutons pas, pour la multiplication en grand.

La fleur est très ample, d'un coloris rouge foncé avec une forte macule marron. Les pétales sont légèrement frisés et sont disposés en forme d'étoile. Au centre de la fleur se dresse comme un goupillon de pétales serrés. Il arrive parfois que quelques fleurs sont simples, mais celles-ci sont peu nombreuses.

La feuille est grande, élargie et mucronée vers l'extrémité; la nervation est très apparente.

La croissance de cette variété est bien vigoureuse et la plante se forme pour ainsi dire d'elle-même, avec un port excellent, sans qu'on ait besoin de recourir au rognage.

Elle possède une autre qualité, celle d'offrir une abondante floraison ; en outre, elle convient parfaitement au forçage. Nous recommandons cette variété avec d'autant plus de confiance que nous l'avons vue fleurir plusieurs fois, offrant toujours une égale beauté même sur les jeunes plantes.

La variété *Docteur De Mil* a obtenu le premier prix à l'Exposition de Ledeberg en mai 1879; elle figura également avec succès aux floralies de Gand et de Bruxelles.

V. Cuvelier.

XXXI

P. STROOBANT, PINXIT. (BELGIQUE) CHROMOLITH. P. STROOBANT. GAND

SIGISMUND RUCKER.

AUG. VAN GEERT. PUBL.

AZALEA SIGISMUND RUCKER (VAN HOUTTE)

(PLANCHE N° XXXI.)

[illegible] la campagne des Azalées ne [illegible] nouveautés ; elle doit [illegible] variétés déjà répandues dans le commerce, pourvu [illegible] incontestable. A ce titre, l'*Azalea Sigismund Rucker* [illegible] notre galerie. C'est un exemple de plus à ajouter [illegible] dimorphisme que nous avons déjà eu l'occasion de [illegible] dans ce recueil.

La variété qui nous occupe est en effet un produit du hasard, trouvé [illegible] Van Houtte. C'est une [illegible] fixée par le greffage et [illegible] *Rucker* [illegible]

[illegible] malgré [illegible] nombreuses. La corolle [illegible] saumon vif nette- [illegible]

[illegible] moyenne, de forme quelque peu allongée ; la [illegible]

[illegible] est-elle déjà répandue [illegible] plus grande facilité. Sa [illegible] est irréprochable.

A[illegible] Van G[illegible]ert.

XXXI

P. STROOBANT PINXIT (BELGIQUE) CHROMOLITH. P. STROOBANT

SIGISMUND RÜCKER

VAN GEERT

AZALEA SIGISMUND RUCKER (VAN HOUTTE).

PLANCHE N° XXXI.

Pour demeurer fidèle à son programme, l'Iconographie des Azalées ne peut se borner à passer en revue les meilleures nouveautés ; elle doit reproduire également les variétés déjà répandues dans le commerce, pourvu qu'elles soient d'un mérite incontestable. A ce titre, l'*Azalea Sigismund Rucker* a droit à figurer dans notre galerie. C'est un exemple de plus à ajouter aux différents faits de dichroïsme que nous avons déjà eu l'occasion de signaler dans ce recueil.

La variété qui nous occupe est en effet un produit du hasard, trouvé à l'établissement Van Houtte. C'est une branche fixée par le greffage et rencontrée sur l'Azalée *Rachel von Varnhagen.*

La fleur est rose lilacé, marquée de nervations nombreuses. Les bords du limbe de la corolle sont blanc pur ; une impériale safran vif nettement dessinée ressort dans chaque corolle.

La feuille est de grandeur moyenne, de forme quelque peu allongée ; la couleur est vert foncé.

Cette variété a le mérite d'être très florifère, aussi est-elle déjà répandue dans le commerce ; en outre elle se force avec la plus grande facilité. Sa croissance ne laisse rien à désirer et son port est irréprochable.

Aug. Van Geert.

P. STROOBANT, PINXIT (BELGIQUE) CHROMOLITH. P. STROOBANT. GAND

CONCORDIA.

AUG. VAN GEERT. PUBL.

AZALEA CONCORDIA [illegible]

[illegible]

[illegible] variété *Sigismund Ruck*[illegible]
[illegible] l'horticulture gantoise [illegible]
[illegible] de la nature, la [illegible]
[illegible] Mise au com[illegible]
connue des amateurs et [illegible]
de sa forme, son colo[illegible]
même dans les co[illegible]

La fleur de [illegible]
[illegible] fleur que
[illegible] cette fleur
[illegible] fleurs
[illegible]

La [illegible]
plante est très [illegible]
forme avec facilité [illegible]
au rognage. Quelquefois [illegible]
ainsi que le montre [illegible]
rarement.

CONCORDIA.

AUG. VAN GEERT PUBL.

AZALEA CONCORDIA (JOSEPH VERVAENE).

PLANCHE N° XXXII.

Comme la variété *Sigismund Rucker*, l'Azalée *Concordia* fait le plus grand honneur à l'horticulture gantoise. Tandis que la première est le produit d'un jeu de la nature, la seconde a été obtenue de semis par M. JOSEPH VERVAENE. Mise au commerce en 1879 seulement, elle est encore peu connue des amateurs et relativement peu répandue. Cependant l'élégance de sa forme, son coloris, son port, tout plaide en faveur de son admission même dans les collections d'élite.

La fleur de l'Azalée *Concordia* est grande, bien ronde et tellement pleine qu'elle rappelle la forme de la Balsamine à fleurs de Camellia. Bien que la couleur rose foncé soit assez fréquente parmi les Azalées, cette fleur se distingue à la fois par sa nuance rouge et par l'impériale plus foncée qui s'étend sur une partie de la corolle.

La feuille est grande, large et arrondie vers le sommet. Le port de la plante est irréprochable et la végétation d'une bonne vigueur; elle se forme avec facilité sans qu'il soit nécessaire d'avoir fréquemment recours au rognage. Quelquefois il se présente des fleurs semi doubles ou simples ainsi que le montre le dessin, mais nous devons ajouter que cela arrive rarement.

V. CUVELIER.

XXXIII

P. STROOBANT. PINXIT (BELGIQUE) CHROMOLITH. P. STROOBANT GAND.

CORDON BLEU.

AUG. VAN GEERT. PUBL.

AZALÉE CORDON BLEU [illegible]

PLANCHE N° XXXIII.

[illegible] couleur violette ne se [illegible] parmi les tons qui prédominent dans les fleurs d'Azalées. Ce [illegible] cette nuance [illegible] défaut [illegible] semis; mais chose [illegible] boutons de nuance violet[illegible] avec [illegible] même ne [illegible] couvrent [illegible] défaut fait [illegible] série de semis. T[illegible] cas pour l'Azalée *Cordon bleu* qui [illegible] ses fleurs [illegible] [illegible]taite.

[illegible] jeunesse, [illegible] [illegible]dement.

[illegible] VANDER CRUYSSEN qui le genre Azalea [illegible] gains [illegible] renommée. [illegible] on hésita [illegible] [illegible] été à même de pouvoir [illegible] ses [illegible] de commerce [illegible] surtout en [illegible]

CORDON BLEU.

AZALEA CORDON BLEU (VANDER CRUYSSEN).

PLANCHE N° XXXIII.

La couleur violette ne se montre guère parmi les tons qui prédominent dans les fleurs d'Azalées. Ce n'est pas que cette nuance fasse défaut dans les semis; mais, chose digne de remarque, il arrive très souvent que les boutons de nuance violette s'épanouissent avec difficulté et fréquemment même ne s'ouvrent qu'à demi. Ce défaut fait rejeter immédiatement une série de semis. Tel n'est pas le cas pour l'Azalée *Cordon bleu* qui éclot ses fleurs d'une manière parfaite.

La fleur est d'un violet clair à reflets bleuâtres avec une macule presque noire. La corolle simple, de grande dimension, a les pétales assez pointus.

La feuille de forme allongée est grande et d'un beau vert; elle est un peu ciliée sur les bords.

La plante est d'une croissance régulière et vigoureuse; mais il faut la pincer assez court dans sa jeunesse; elle se force facilement.

L'*Azalea Cordon bleu* a été obtenu de semis par M. Éd. Vander Cruyssen à qui le genre Azalea est redevable de plusieurs gains jouissant d'une juste renommée. Lors de l'apparition de cette variété, on hésita à la multiplier; on semblait craindre de voir ses fleurs ne s'épanouir qu'à demi; mais depuis qu'on a été à même de pouvoir apprécier ses mérites, elle est devenue une variété de commerce fort recherchée surtout en Angleterre.

Fr. Desbois.

[illegible]

[illegible]

[illegible]

[illegible]

[illegible] de quoi [illegible]

P. STROOBANT PINXIT [illegible]

CHROMOLITH. P. STROOBANT GAND

BIGNONIŒ FLORA PLENA

AUG. VAN GEERT PUBL.

AZALEA BIGNONIAEFLORA [illegible]

PLANCHE N° XXXIV.

L'*Azalea bignoniaeflora* a été obtenu de semis par M. C. Schulz et mis au [illegible] en 1879. Dès son apparition, cette variété a captivé l'attention des [illegible] comme des horticulteurs ; ils ont été unanimes à la ranger parmi les plus parfaites et les plus distinguées.

La fleur est grande, d'un [illegible] pureté ; elle est bien double, rappelant [illegible] -Camellias et justifiant le qualificatif [illegible] obtenteur.

[illegible]

[illegible] pour le forçage, [illegible] est déjà recherché [illegible] grandes fleurs, et [illegible] réservées à la grande culture ; tous les amateurs voudront [illegible] fleur dans leur collection.

Nous n'hésitons pas à dire que ce gain honore [illegible] M. C. Schulz.

[illegible]

BIGNONIÆ FLORA PLENA

AUG. VAN GEERT PUBL.

AZALEA BIGNONIAEFLORA (C. SCHULZ).

PLANCHE N° XXXIV.

L'*Azalea bignoniaeflora* a été obtenu de semis par M. C. Schulz et mis au commerce en 1879. Dès son apparition, cette variété a captivé l'attention des amateurs comme des horticulteurs; ils ont été unanimes à la ranger parmi les plus parfaites et les plus distinguées.

La fleur est grande, d'un coloris rose foncé d'une remarquable pureté; elle est bien double, rappelant par sa forme les fleurs des Balsamines-Camellias et justifiant le qualificatif de *bignoniaeflora* que lui donna l'obtenteur.

La plante a un port excellent et sa végétation est naturellement vigoureuse et régulière; elle se forme rapidement sans qu'il faille recourir au rognage.

La feuille est coriace, épaisse, de grandeur moyenne, ovale de forme, de couleur vert foncé; les nervures sont nettement marquées.

L'*Azalea bignoniaeflora* constitue une bonne acquisition pour le forçage; il est déjà recherché dès maintenant, autant pour ses gros boutons que pour ses grandes fleurs, et il aura sa place marquée parmi les variétés spécialement réservées à la grande culture; tous les amateurs voudront posséder cette jolie fleur dans leur collection.

Nous n'hésitons pas à dire que ce gain honore l'habile producteur, M. C. Schulz.

V. Cuvelier.

P. STROOBANT. PINXIT (BELGIQUE)

CHROMOLITH. P. STROOBANT. GAND.

KÖNIGIN CLEOPATRA.

AUG: VAN GEERT. PUBL.

AZALEA KÖNIGIN CLEOPATRA (C. SCHULZ).

PLANCHE N° XXXV.

Parmi les nombreuses obtentions de M. C. Schulz, celle-ci a justifié parfaitement la vogue qu'elle a rencontrée immédiatement à son entrée dans le domaine de l'horticulture. Ses grandes fleurs, de forme modèle, leur coloris à fond blanc pur, richement panaché, strié et pointillé de rose carminé vif, leur impériale jaune, tranchant d'une façon remarquable avec les harmonieuses nuances qui l'entourent, commandent l'attention générale.

Et pourtant, cette variété si hautement prônée par les uns, a été de la part des autres l'objet d'amères critiques. C'est que, en effet, elle avait dévoilé à ceux-ci le grave défaut qu'on ne pardonne pas même à une fleur, celui de l'inconstance. Au lieu de fleurs panachées auxquelles on aimait à s'attendre, elle épanouissait traîtreusement des fleurs unicolores rouge brique qui finissaient par envahir la plante entière, si l'on n'avait la précaution d'enlever avec soin tous les rameaux sur lesquels elles se produisaient.

Parfois aussi, défectuosité moins grave aux yeux de l'amateur, la plante offre des fleurs d'un beau rose saumoné ligné de carmin, présentant une macule pourpre et un large feston blanc pur. Nous avons remarqué que les rameaux donnant de ces fleurs à bord blanc sont constants dans ce cas de dichroïsme et qu'on ne rencontre pas, en même temps que ces derniers, des ramifications à fleurs rouges. Cette forme, que nous sachions, n'a pas encore été mise au commerce, peut-être parce que ce *lusus* est assez fréquent.

La feuille est grande, ronde, d'un vert gai, reconnaissable entre le feuillage de toutes autres les variétés par sa dimension.

La croissance est vigoureuse et rapide; la floraison est facile, mais pas de bien longue durée. C'est une variété très attrayante, qui, son obtenteur l'affirme, est le produit d'une fécondation croisée par le *Rhododendron Edgeworthi*, ce que nous sommes porté à croire, car la plante se dépouille de son écorce, ainsi que cela arrive chez un grand nombre de Rhododendron de l'Himalaya.

V. CUVELIER.

XXXVI.

P. STROOBANT, PINXIT (BELGIQUE) CHROMOLITH. P. STROOBANT GAND.

HEINRICH HEINE.

AUG. VAN GEERT. PUBL.

AZALÉE [illegible]

[illegible] N° [illegible]

Obtenue de semis par [illegible] a été [illegible] principe comme la reine [illegible] violacé [illegible] port, elle a [illegible] au premier rang. [illegible] coloris est d'un beau violet foncé à [illegible] métalliques que la palette du peintre est impuissante à reproduire.

La fleur [illegible] de forme [illegible] que sur des [illegible] [illegible] ; elle atteint [illegible]

La feuille [illegible] arrondie et de couleur [illegible] foncé. [illegible]

Les grands exemplaires de [illegible] sont encore [illegible], tout en étant vigoureuse [illegible] la plante [illegible] de [illegible] [illegible]. D'autre part [illegible] nom de l'illustre [illegible] dont elle [illegible]

[illegible]

XXXVI.

[illegible]

AUG. VAN GEERT. PUBL.

AZALEA HEINRICH HEINE (C. SCHULZ).

PLANCHE N° XXXVI.

Obtenue de semis par M. C. Schulz, l'Azalée *Heinrich Heine* a été considérée dès le principe comme la reine des variétés à fleurs violettes, et, sous ce rapport, elle est demeurée au premier rang. En effet, le coloris est d'un beau violet foncé à reflets métalliques que la palette du peintre est impuissante à reproduire.

La fleur est semi-double, de forme parfaite. Tandis que sur de jeunes sujets elle n'acquiert que des proportions moyennes, elle atteint 8 centimètres de diamètre sur les plantes faites.

La feuille, de grandeur moyenne, est de forme arrondie et de couleur vert foncé. Le bois des ramifications est brun rougeâtre.

Les grands exemplaires de cette variété sont encore rares; la végétation, tout en étant vigoureuse, ne s'emporte pas : la plante n'émet pas de longs rameaux. D'autre part, elle est très florifère; sa floraison est assez hâtive, très facile et, en outre, de longue durée. La variété est digne du nom de l'illustre poète dont elle rappelle le souvenir.

Fr. Desbois.

XXXVI.

[illegible]

AUG. VAN GEERT. PUBL.

AZALEA HEINRICH HEINE (C. SCHULZ).

PLANCHE N° XXXVI.

Obtenue de semis par M. C. SCHULZ, l'Azalée *Heinrich Heine* a été considérée dès le principe comme la reine des variétés à fleurs violettes, et, sous ce rapport, elle est demeurée au premier rang. En effet, le coloris est d'un beau violet foncé à reflets métalliques que la palette du peintre est impuissante à reproduire.

La fleur est semi-double, de forme parfaite. Tandis que sur de jeunes sujets elle n'acquiert que des proportions moyennes, elle atteint 8 centimètres de diamètre sur les plantes faites.

La feuille, de grandeur moyenne, est de forme arrondie et de couleur vert foncé. Le bois des ramifications est brun rougeâtre.

Les grands exemplaires de cette variété sont encore rares; la végétation, tout en étant vigoureuse, ne s'emporte pas : la plante n'émet pas de longs rameaux. D'autre part, elle est très florifère; sa floraison est assez hâtive, très facile et, en outre, de longue durée. La variété est digne du nom de l'illustre poète dont elle rappelle le souvenir.

FR. DESBOIS.

www.ingramcontent.com/pod-product-compliance
Lightning Source LLC
Chambersburg PA
CBHW051903160426
43198CB00012B/1723